BEI GRIN MACHT SICH IHR WISSEN BEZAHLT

- Wir veröffentlichen Ihre Hausarbeit, Bachelor- und Masterarbeit

- Ihr eigenes eBook und Buch - weltweit in allen wichtigen Shops

- Verdienen Sie an jedem Verkauf

Jetzt bei www.GRIN.com hochladen und kostenlos publizieren

Ist die Modemarke "Erdbär" ein Vorzeigebeispiel für Nachhaltigkeit in der österreichischen Bekleidungsindustrie?

Axel Kolbeinsson

Bibliografische Information der Deutschen Nationalbibliothek:

Die Deutsche Nationalbibliothek verzeichnet diese Publikation in der Deutschen Nationalbibliografie; detaillierte bibliografische Daten sind im Internet über http://dnb.d-nb.de abrufbar.

ISBN: 9783346682253
Dieses Buch ist auch als E-Book erhältlich.

Hausarbeit

Spezialisierende Veranstaltung Geographie: Theorie und Praxis der sozial-ökologischen Transformation

---

Modemarke ERDBÄR: ein Vorzeige Beispiel für Nachhaltigkeit in der österreichischen Bekleidungsindustrie?

Studienfach: Geographie und Wirtschaftskunde

Masterstudium Lehramt Sekundarstufe

Abgabedatum: Freitag, 10. Juni 2022

Inhalt

1.   Einleitung

Jeder weiß darüber Bescheid, doch es scheint, als würde sich selbst niemand als aktiven Teil davon sehen: die Rede ist von der „sozial-ökologischen Transformation". Damit meint man einerseits die notwendige Veränderung des eigenen Lebensstils zu einem „der dem Leitbild einer nachhaltigen globalen Entwicklung entspricht." sowie die „ebenfalls an den Kriterien globaler Nachhaltigkeit ausgerichtete nachholende Entwicklung der ärmeren Länder einschließlich der bislang abgekoppelten ‚bottom billion'" (WBGU 2011, S. 66, in Bohn, Fuchs, Kerhhoff, & Müller, 2019). Die Notwendigkeit dieser Veränderung für eine nachhaltige Zukunft wird der Bevölkerung regelmäßig durch den „Earth Overshoot Day" vor Augen geführt. Dieser zeigt an, zu welchem Zeitpunkt des Jahres alle annual regenerativen Ressourcen des Planeten durch den Menschen aufgebraucht wurden. Die Berechnung erfolgt durch den ökologischen Fußabdruck sowie der Biokapazität der Erde (Global Footprints Network, 2019, in Bohn et al., 2019). Die grundsätzliche Notwendigkeit einer sozial-ökologischen Transformation ist unumstritten, gestaltet sich jedoch unter anderem aufgrund der folgenden Probleme schwierig.

Die Grundproblematik stellt das globale Wohlstandsgefälle dar. Lessenich (2016) beschreibt treffend, dass es „den einen gut bzw. besser, weil es den anderen schlecht oder jedenfalls weniger gut geht" (S. 23). Aufgrund der begrenzten Ressourcen unseres Planeten würde eine Verringerung des Wohlstandgefälles unausweichlich eine Senkung des westlichen Wohlstandes bedeuten. Gerade die wohlhabendere Bevölkerungsschicht scheint wenig Interesse daran zu haben (Basu, 2019).

Ein weiterer zentraler Grund, weshalb die sozial-ökologische Transformation auf sich warten lässt, ist die globale ungleiche Betroffenheit durch die Folgen des aktuell bestehenden Systems. Durch Externalisierungsstrategien wie der Entsorgung von Problemmüll, der Auslagerung schmutziger Industrien, sowie der Abbau von Rohstoffen in Ländern, welche über keine bis geringe Umwelt- bzw. Sozialstandards verfügen (Blühdorn, 2020), werden die eigentlichen Probleme vom meist westlichen Konsumenten ferngehalten und am Ende ein sauberes und vermeintlich umweltfreundliches bzw. nachhaltiges Produkt (Tabrizi, 2021) präsentiert. Beispielsweise befinden sich etwa 84 % des Wasser-Fußabdrucks des Baumwollverbrauchs in der EU25-Region außerhalb Europas, wodurch große Auswirkungen auf insbesondere Indien und Usbekistan (vgl. Kap. 2.2.) entstehen (Chapagain, Hoekstra, Savenije, & Gautam, 2006).

Ebenso sind Konsumverhalten und Werbemaßnahmen eng miteinander verbunden. Laut WBGU (2011, in Bohn et al., 2019) findet ein nachhaltiger Konsum nur unter bestimmten Bedingungen statt, welche massiv durch den Aufruf zu mehr Konsum seitens der Hersteller beeinflusst werden. Deren Produkte sind dann oftmals durch „Greenwashing", also einer weiteren Form der Vermarktung eines Produktes als nachhaltiger als es tatsächlich ist (de Freitas Netto, Sobral, & Ribeiro, 2020), vermarktet, wodurch der Konsument den Kauf als nicht belastend für Umwelt und Klima bzw. sogar als positiv wahrnimmt.

Diese Arbeit beschäftigt sich mit dem Thema des nachhaltigen Konsums im Sinne der sozial-ökologischen Transformation am Beispiel der Bekleidungsindustrie. Dazu wird zu Beginn die Problematik der Bekleidungsindustrie aufgezeigt und daraufhin die Bekleidungsmarke „Erdbär" hinsichtlich sozial-ökologisch nachhaltiger Merkmale analysiert. Am Ende soll ein Fazit Aufschluss darüber geben, ob es sich bei „Erdbär" um ein gelungenes Beispiel sozial ökologischer Transformation handelt und ob dieses Modell in einem globalen Maßstab die Bekleidungsindustrie nachhaltig verändern kann.

2. Fast Fashion und Die Probleme in der Bekleidungsindustrie

Bei der Bekleidungsindustrie handelt es sich wie auch bei vielen anderen Industrien um ein gutes Beispiel dafür, wo die Ausmaße des Kapitalismus und der globalen Ungleichheit sichtbar wird. Gerade unter dem Begriff „Fast Fashion" wird das Phänomen der Kurzlebigkeit von Kleidung sichtbar, wie der Nature Climate Change Report 2018 (The price of fast fashion, 2018) zeigt: ständig wechselnde Trends sowie ein unstillbarer Drang nach neuen Kleidungsstücken bei gleichzeitig immer kürzeren Produktionszeiten erhöhen den menschlichen Konsum und damit auch die globale Menge an Müll. Die folgenden Kapitel geben Aufschluss über die Probleme, die durch diese Art der Kleidungsindustrie entstehen.

2.1. CO_2 Ausstoß

Laut Report produziert die Textilindustrie mit etwa 1,2 Milliarden Tonnen mehr CO_2 als die Luftfahrt- und Kreuzfahrtindustrie zusammen. Dies wird hauptsächlich verursacht durch die Produktion in China bzw. Indien, welche durch umweltschädliche Kohlekraftwerke mit Strom versorgt werden. Als Verursacher von etwa 5% der globalen Emissionen handelt es sich bei der Textilindustrie um eine der Industrien, die die Umwelt am meisten verschmutzen. Die Emissionswerte sind wiederum teilweise abhängig vom verwendeten Material. Synthetische Fasern wurden seit ihrer Erfindung im 20 Jhdt. mehr und mehr verwendet, wodurch Polyester heute das am meisten verwendete Material noch vor Baumwolle darstellt. Der Nachteil liegt in den wesentlich höheren Emissionen bei der Produktion: 2015 entfielen 706 Milliarden kg CO_2 auf die Produktion von Kleidung aus Polyester, wobei pro T-Shirt etwa 5,5 kg CO_2 emittiert werden. Ein vergleichbares T-Shirt aus Baumwolle verursacht lediglich etwa 2,1 kg (The price of fast fashion, 2018).

2.2. Verschmutzung und Wasserverbrauch

Abgesehen vom CO_2 Verbrauch verursacht die Bekleidungsindustrie im gesamten Herstellungsprozess eine Verschmutzung der Umwelt. Laitala, Klepp & Henry (2018) nennen hier beispielsweise unterschiedliche Produktionsprozesse wie spinnen, weben, nähen sowie das Färben der Kleidung. Darüber hinaus werden manche Produkte zusätzlich verändert, so dass sie wasserdicht und feuerfest werden. Die Kombination aus aufwändiger Herstellung und dem natürlichen Faseranbau verursacht einen immensen Wasser- und Energieverbrauch (vgl. Kap. 2.1.).

Hinsichtlich des Wasserverbrauchs unterscheiden Chapagain et al. (2006) zwischen (1) „Green water use" - Verdunstung von versickertem Regenwasser für die Baumwollproduktion, (2)

„blue water use" - Entnahme von Grund- oder Oberflächenwasser zur Bewässerung oder Aufbereitung und (3) Wasserverschmutzung während des Pflanzenwachstums oder der Verarbeitung (berechnet mithilfe des nötigen Verdünnungsvolumens, dass zur Assimilation einer Verschmutzung erforderlich ist). Zwischen 1997 und 2011 betrug der weltweite Konsum von Baumwollprodukten 256 GM^3 (Kubik Gigameter) pro Jahr, wovon 42% auf blue water, 39% auf green water und 19% auf Wasserverschmutzung während Wachstum und Verarbeitung. Der Wasserverbrauch vor allem in Zentralasien in den letzten Jahrzenten kann an einem bekannten Beispiel festgemacht werden: Die Abnahme des Aralsees zwischen 1960 und 2000 um 60% hinsichtlich seiner Größe und 80% in seinem Volumen. Diese ist auf die Wasserentnahme zur Baumwollproduktion aus den Flüssen Amu Darya und Syr Darya, welche den See speisen, zurückzuführen (Chapagain et al., 2006).

Der weltweite Baumwollkonsum macht etwa 15,6% aller verwendeter Pestizide bei gleichzeitiger Nutzung von nur etwa 2,4% der weltweiten Agrarflächen aus, wodurch einerseits die Biodiversität betroffen ist, aber auch die Verschmutzung von Wasser zur Folge hat (Laitala et al., 2018). Beispielsweise gelangen Pestizide über das Wurzelwerk der Baumwollpflanze in die Erde und Grundwasser sowie in weiterer Folge in unsere Nahrungskette (Chapagain et al., 2006).

Ein weiterer Aspekt, der zur Verschmutzung der Umwelt beiträgt, ist Mikroplastik: geschätzte 20-35% des Mikroplastiks in marinen Gebieten stammt von synthetischer Kleidung (Laitala et al., 2018). Umgerechnet handelt es sich dabei um etwa 190.000 Tonnen (Sherrington, 2016).

2.3. Ethische Aspekte

Einerseits werden pro Jahr 20 Kleidungsstücke pro Person produziert und unser Kaufverhalten hat sich im Vergleich zum Jahr 2000 um 60% gesteigert. Gleichzeitig bestehen für synthetische Fasern nur eingeschränkte Recyclingmöglichkeiten, wodurch fast 60% der produzierten Kleidungsstücke innerhalb eines Jahres nach Herstellung bereits wieder entsorgt werden und weniger als 1% recycelt wird. Diese landen dann auf Mülldeponien oder in der Verbrennung, wobei dieser Prozentsatz umgerechnet etwa einem Müllwagen zur Deponie pro Sekunde entspricht (The price of fast fashion, 2018).

Andererseits sind die Umstände unter denen die Kleidung, vor allem in Asien, produziert wird vielfach menschenunwürdig. Aus einem Interview des Spiegel-Online Magazins (2019) mit zwei Näherinnen aus Myanmar geht hervor, dass jegliche Pausenaktivitäten, etwa für den Toilettengang, überwacht werden. Ebenso greifen unangekündigte Schwangerschaftstests seitens der Fabrikleitung in die Privatsphäre der Arbeiterinnen ein. Darüber hinaus berichten die beiden Frauen über verbale Gewalt am Arbeitsplatz, einzig und allein physische Gewalt scheint nicht mehr präsent zu sein. Gleichzeitig liegt der Tageslohn bei etwa 2,81 Euro (85€/Monat), was selbst für südostasiatische Verhältnisse nicht ausreicht, um ein angenehmes Leben zu führen. Oftmals mangelt es jedoch an Alternativen, wodurch die Näherinnen auf diesen Job angewiesen sind.

3. Positives Beispiel der sozial-ökologischen Transformation: ERDBÄR

Die Modemarke Erdbär wurde 2013 von Robert Laner in Salzburg als „Symbol für eine Wertevermittlung nach außen" (Laner, 2019, in Viertbauer, 2019) gegründet. Die Marke steht dabei für die Tiergattung „Bär", welche sich für die Erde einsetzt. Das Motto „#worldchanger" soll dabei vor allem die junge Zielgruppe animieren, mit dem Kauf von ökologischer Kleidung nachhaltig die Umwelt zu schonen. Mittlerweile findet der Vertrieb der in Salzburg designten Ware in acht Ländern. Ebenso wird daran gearbeitet, Firmen für ihre nachhaltige Kleidung als Arbeitskleidung zu begeistern (Viertbauer, 2019). Die folgenden Kapitel beschäftigen sich mit der Produktion und den verwendeten Materialien der Marke, um am Ende ein Fazit hinsichtlich Nachhaltigkeit und Umweltfreundlichkeit ziehen zu können.

3.1.   5 Sustainable Goals

Um den ökologischen Mehrwert der Marke hervorzuheben hat Erdbär (Erdbaer Worldchanger GmbH, Sustainability - You call it trend we call it future, 2022) fünf nachhaltige Ziele aufgestellt, welche in den folgenden Absätzen näher beschrieben werden.

Erdbär gibt an, annähernd CO_2 neutral zu produzieren. Während die Herstellung eines regulären Kleidungsstücks durchschnittlich 11kg CO_2 produziert, sind es bei Erdbär aufgrund des nachhaltigen Produktionszyklus lediglich 4kg. Die Produktion der Kleidungsstücke findet in Europa an drei unterschiedlichen Standorten statt: (1) Izmir, Türkei, wird als Traditionsbetrieb auf neuestem Stand beschrieben; (2) Thessaloniki, Griechenland, setzt ein Zeichen hinsichtlich Gender Fairness, da die Führung des Betriebs in weiblicher Hand liegt und (3) Porto, Portugal, welcher als besonders effizient hinsichtlich CO_2 Neutralität beschrieben wird. Aufgrund der verhältnismäßig kurzen Transportwege (vgl. Bangladesch, China) kann der CO_2 Ausstoß besonders niedrig gehalten werden.

Ebenso wird angegeben, dass ihre Kleidung frei von toxischen Chemikalien produziert wird, da die körperliche Gesundheit als besonders wichtiges Gut erachtet wird. Die Kleidungsstücke sind ausschließlich nach dem Global Organic Textile Standard (GOTS) zertifiziert. Folgende Umweltauflagen müssen erfüllt sein, um das GOTS Umweltsiegel tragen zu dürfen (Global Organic Textile Standard, 2021):

- Trennung von konventionellen Faserprodukten und Identifizierung von Biofaserprodukten

- Verwendung von GOTS-zugelassenen Farb- und Hilfsstoffen nur in der Nassverarbeitung
- Verarbeitungsbetriebe müssen Umweltmanagement, einschließlich Abwasserbehandlung, nachweisen
- Technische Qualitätsparameter für Farbechtheit und Schrumpfungsrisiko für Fertigware erforderlich
- Einschränkungen für Zubehör und bei zusätzlichen Fasermaterialien
- Keine verbotenen umweltgefährdenden Stoffe in der Chemikalienzufuhr
- Bewertung der Toxizität und biologischen Abbaubarkeit für chemische Inhaltsstoffe
- mindestens 70% des Kleidungsstücks aus biologischen Fasern
- mindestens 95% bei der zusätzlichen Benennung mit „bio"

Auf der anderen Seite gibt Erdbär an, für alle Mitarbeiter in der Supply-Chain ein faires Gehalt anzubieten. Auch Hierfür bestehen beim GOTS Gütesiegel Standards, die erfüllt werden müssen (Global Organic Textile Standard, 2021):

- Es muss die Freiheit bestehen, die Arbeit selbst aussuchen zu dürfen
- Vereinigungsfreiheit und Kollektivverhandlungen
- Keine Kinderarbeit
- Keine Diskriminierung
- Gesundheit und Sicherheit am Arbeitsplatz
- Keine Beleidigungen und Gewalt
- Vergütung und Bewertung der existenzsichernden Lohnlücke
- Arbeitszeit wird festgehalten
- Keine prekären Beschäftigungen
- Gastarbeit ist erlaubt

Neben diesen Aspekten, die ihre Produkte betreffen kümmert sich die Firma Erdbär auch um Umweltprojekte. So werden beispielsweise bei dem Projekt „Animal Revolution" 5€ pro verkauftes Kleidungsstück an den Nationalpark Gesäuse gespendet. Bei der Kollaboration mit „Moon" werden E-Ladegeräte für eine nachhaltige Mobilität unterstützt. Auch mit der „Schwarzenegger Climate Initiative" wird kollaboriert (Erdbaer Worldchanger GmbH, Collabs, 2022). Darüber hinaus werden Wiederaufforstungsprojekte in Südamerika unterstützt (Viertbauer, 2019).

Als letztes der „Five Sustainable Goals" wird das Tragen der eigenen Kleidung als Statement verstanden. Dabei ist oftmals ihr „#worldchanger" Motiv zu sehen. Dieses soll dazu animieren, sich für Nachhaltigkeit und Umweltschutz einzusetzen (Erdbaer Worldchanger GmbH, Team & Vision, 2022).

3.2.   Verwendete Materialien

Erdbär (Erdbaer Worldchanger GmbH, Fabrics, 2022) wirbt bei seinen Produkten neben der GOTS-Zertifizierung auch mit Langlebigkeit und vollständig biologischer Abbaubarkeit. Diese wird durch die Verwendung dreier unterschiedlicher Materialien erreicht. Einerseits wird Bio-Baumwolle aus nachhaltiger Produktion verwendet. Diese wird frei von Pestiziden in Mischkulturen produziert und schonend per Hand gepflückt. Der zweite Werkstoff ist Leinen. Dieses besteht aus recyclebarem biologischem chemiefreiem Flachs, welches als besonders wiederstandfähig gilt. Hier wird die gesamte Pflanze verwendet und somit der Abfall reduziert. Das dritte Material, welches für die Produktion verwendet wird, ist Tencel. Hierbei wird auf eine Kooperation mit dem Holz- Verarbeiter Lenzing verwiesen, welcher mit dem Stoff ein besonders weiches, hautfreundliches und atmungsaktives Produkt produziert hat (Lenzing AG, 2022). Die Fasern werden dabei aus natürlich bewirtschafteten Eukalyptuswäldern gewonnen, welche bis zu 20-mal weniger Wasser als Baumwolle verbraucht und somit eine ressourcenschonende Alternative darstellt. Das Produkt Tencel kann wiederum unterteilt werden in Lyocell und Modal, wobei Letzteres auf die rein österreichische Produktion aus Buchenholz verweist (Erdbaer Worldchanger GmbH, Fabrics, 2022).

4. Kritische Analyse

Bisher wurden die Informationen hauptsächlich von der Website des Unternehmens selbst bezogen, welche folglich nur bedingt als zu 100% korrekt bewertet werden können. Somit soll in diesem Kapitel eine unabhängige kritische Analyse aufzeigen, ob es sich bei der Marke Erdbär wirklich um ein würdiges Transformationsbeispiel im Sinne der sozial-ökologischen Transformation handelt.

Das Internet Portal „kununu" (kununu, 2022) gibt an, dass seit 2015 62 MitarbeiterInnen das Unternehmen Erdbär über ihre Website bewertet haben. Dabei erreicht die Firma einen Score von 4,3/5 Sternen. Die am häufigsten positiv bewerteten Vorteile sind flexible Arbeitszeiten (92%), die Möglichkeit für Homeoffice (90%), sowie Mitarbeiter-Events (85%). Textbewertungen von MitarbeiterInnen zeigen, dass Erdbär eine Weiterentwicklung des Personals sowohl im professionellen aber auch im physischen und psychischen Bereich ermöglicht. Ebenso werden Eigenverantwortung und Work-Life-Balance positiv hervorgehoben. Als einzig negativen Punkt wird die oftmals holprige Kommunikation intern genannt. Besonders progressiv scheint die Firma im Bereich Gleichberechtigung zu sein: die MitarbeiterInnen geben an, dass sowohl Frauen als auch Männer in höheren Positionen arbeiten. Laut Portal liegt die Unternehmenskultur in Bezug auf Modernisierung über dem Branchendurschnitt.

Auch die Produktionsstandorte wurden nicht zufällig gewählt. Porto in Portugal ist aufgrund der Zusammenschlüsse einiger nationaler Kleidungsverbände, darunter der APIM (Verband der portugiesischen Strick- und Bekleidungsindustrie) und der APT (Portugiesischer Textil- und Bekleidungsverband) im Jahr 2003 zu einer der wichtigsten Organisationen im europäischen Bekleidungssektor aufgestiegen. Diese steht für besonders moderne Standards im europäischen Raum (ATP, 2022). Auch die Türkei ist in den vergangenen Jahrzenten zu einem wichtigen Exporteur der Bekleidungsindustrie aufgestiegen, was letztendlich auf die niedrigen Produktionskosten bei gleichzeitiger Nähe zu Europa zurückzuführen ist. Jedoch ist hier auf gesetzlicher Ebene keine Absicherung im sozialen Beriech vorhanden: Mindestlöhne reichen oft nicht zum Überleben, ArbeiterInnen werden oft ohne gesetzlichen Schutz oder Krankenversicherung angestellt (Seckin, Yilmaz, Musiolek & Luginbühl, 2013). Griechenland kann ebenso auf eine historische Tradition im Bereich der Bekleidungsindustrie zurückblicken. Aufgrund wirtschaftlicher Schwierigkeiten und der Abwanderung von vielen Branchen in die benachbarte Balkanregion aufgrund billigerer Produktionsmöglichkeiten und eines unkomplizierteren Steuersystems schrumpfte der Sektor drastisch. Heute ist dieser aufgrund der Innovationsfreudigkeit einiger Betriebe wieder im Aufschwung (Marianthi, 2015).

5. Fazit

Bei der Bekleidungsindustrie handelt es sich nach wie vor um eine der umweltschädlichsten Industrien weltweit. Viele globale Probleme sowohl hinsichtlich Umwelt und Klima aber auch Gesellschaft und Menschenrecht sind auf diese Industrie zurückzuführen. Durch neue Bewegungen und besonders innovative Firmen wird versucht, die Branche zu revolutionieren und bestehende Probleme zu lösen. Dies geschieht unter anderem durch Firmen wie Erdbär, welche es sich zum Ziel gesetzt hat die Welt nachhaltig mit ihrer umweltfreundlichen Kleidung zu verändern. Besonders positiv hervorzuheben sind die Nachhaltigkeitsziele und Kollaborationen mit Projekten für die Umwelt und den Schutz dieser, sowie der Fertigungsprozess und die damit verbundene Verwendung hochwertiger Materialien. Es scheint als würde der Käufer eines Produktes der Marke Erdbär ein trendiges, umweltfreundliches, nachhaltiges und langlebiges Kleidungsstück aus ehrlicher und transparenter europäischer Produktion bekommen. Das Wohlergehen der Mitarbeiter steht an höchster Stelle, wobei dies nur für jene, welche in Österreich beschäftigt sind, teilweise überprüft werden konnte. Bei denjenigen, die in den Produktionsstandorten in Portugal, Griechenland oder Türkei beschäftigt sind muss auf das Wort der Firma vertraut werden. Mehr Klarheit in diesem Bereich könnte durch den direkten Kontakt mit der Firma oder den Produktionsstandorten erreicht werden. Insgesamt kann die Marke Erdbär dennoch als gelungenes österreichisches Transformationsbeispiel im Sinne der sozial-ökologischen Transformation bezeichnet werden.

Literaturverzeichnis

ATP. (2022). Retrieved from Who We Are: https://atp.pt/en/who-we-are/

Basu, K. (25. März 2019). *Brookings.* Von The rich can fight inequality, too: https://www.brookings.edu/opinions/the-rich-can-fight-inequality-too/ abgerufen

Blühdorn, I. (2020). *Nachhaltige Nicht-Nachhaltigkeit: Warum die ökologische Transformation der Gesellschaft nicht stattfindet.* Bielefeld: transcript Verlag.

Bohn, C., Fuchs, D., Kerhhoff, A., & Müller, C. J. (2019). *Gegenwart und Zukunft sozial-ökologischer Transformation.* Bade-Baden: Nomos.

Chapagain, A. K., Hoekstra, A. Y., Savenije, H. H., & Gautam, R. (2006). The water footprint of cotton consumption: An assessment of the impact of worldwide consumption of cotton products on the water resources in the cotton producing countries. *Ecological Economics*, 186-203.

de Freitas Netto, S. V., Sobral, M. F., & Ribeiro, A. R. (2020). Concepts and forms of greenwashing: a systematic review. *Environmental Sciences Europe.*

Erdbaer Worldchanger GmbH. (2022). Von Collabs: https://www.erdbaer.eu/pages/moon-x-erdbar abgerufen

Erdbaer Worldchanger GmbH. (2022). Von Fabrics: https://www.erdbaer.eu/pages/materialien abgerufen

Erdbaer Worldchanger GmbH. (2022). Von Sustainability - You call it trend we call it future: https://www.erdbaer.eu/pages/sustainable-goals abgerufen

Erdbaer Worldchanger GmbH. (2022). Von Team & Vision: https://www.erdbaer.eu/pages/ein-team-mit-einer-vision abgerufen

Global Organic Textile Standard. (2021). Retrieved from Ecological and Social Criteria: https://global-standard.org/the-standard/gots-key-features/ecological-and-social-criteria

Klawitter, N. (2019, März 1). *Spiegel Wirtschaft.* Retrieved from Schläge, Schwangerschaftstests, Niedrigstlöhne: https://www.spiegel.de/wirtschaft/myanmar-mit-pillen-zum-akkord-a-00000000-0002-0001-0000-000162664702

kununu. (2022). Retrieved from erdbär GmbH: https://www.kununu.com/de/erdbaer

Laitala, K., Klepp, I. G., & Henry, B. (2018). Does Use Matter? Comparison of Environmental Impacts of Clothing Based on Fiber Type. *Sustainability*, 1-25.

Lenzing AG. (2022). Retrieved from Tencel: https://www.lenzing.com/de/produkte/tenceltm

Lessenich, S. (2016). *Neben uns die Sintflut - Die Externalisierungsgesellschaft und ihr Preis*. Berlin: Hanser.

Marianthi, M. (2015, Januar 4). *DW*. Retrieved from Mode "Made in Greece"? - Geht doch!: https://www.dw.com/de/mode-made-in-greece-geht-doch/a-18145772

Seckin, B., Yilmaz, M. E., Musiolek, B., & Luginbühl, C. (2013). *Länderprofil Türkei*. Wien: Clean Clothes.

Sherrington, C. (2016, Juni 1). *eunomia*. Retrieved from Plastics in the Marine Environment: http://www.eunomia.co.uk/reports-tools/plastics-in-the-marine-environment/

Tabrizi, A. (Director). (2021). *Seaspiracy* [Motion Picture].

The price of fast fashion. (2018). *Nature Climate Change*.

Viertbauer, M. (Director). (2019). *Anziehend nachhaltig - Erdbär Salzburg | Salzburg AG TV* [Motion Picture].

BEI GRIN MACHT SICH IHR WISSEN BEZAHLT

- Wir veröffentlichen Ihre Hausarbeit, Bachelor- und Masterarbeit

- Ihr eigenes eBook und Buch - weltweit in allen wichtigen Shops

- Verdienen Sie an jedem Verkauf

Jetzt bei www.GRIN.com hochladen und kostenlos publizieren